放慢。放松。放下。

——看见自己

——接纳自己

——疼爱自己

台中慈济医院精神科主治医师

郑存琪◎著

吴珍松·黎人玮·林碧华◎绘图

〔专文推荐一〕

自己就是最好的治疗师

◎ 陈登义

对我而言，郑存琪医师是年轻一代精神科医师里很特殊的一位。从他在担任住院医师的期间，我就感受到他的不同：讲话轻柔，不疾不徐，做起事来简洁明快，待人处世温文有礼，喜欢心理治疗，甚至本身也修习藏传佛法，对荣格心理学、超个人心理学都有兴趣，听他说要出书了，我很荣幸得以先睹为快！

这本书从压力调适谈到自我探索，不需要什么理论，而是直接的实务操作与亲身体验；有图画物料作为工具，又有如诗般隽永短句轻声叮咛；出入内外、动静之间，随手拈来，都是美妙心灵、巧妙心思的呈现，让人看了爱不释手。

在现代文明的催促下，人们已很少有时间去欣赏生命的历程与生活的本质，随着步伐的加快，更难得有停下来的机会去看看周遭大自然的欢喜自在。其实我们是可以活得更简单的！尤其当我们体悟了生灭无常的现象后，心更放松了、平静了，还有什么不能放下呢！我尤其喜欢第六章透过书写及艺术治疗所进行的自我探索与全然接纳，谁说压力的调适一定要透过旁人的引导或者治疗呢？原来自己就可以是自己最好的治疗师，只要你愿意来一趟自我探索，你就可以和真实自我相遇，让光照亮了你，让阴影逐渐消散。你——要不要试试看？

（本文作者为台湾台中静和医院院长）

〔专文推荐二〕

以曼陀罗迎接新的一天

◎ 吕素贞

收到存琪这本手稿时，正值莫拉克台风重创南台湾，灾民所爆发的强烈情绪已似另一波更可怕的土石流滚滚而来，虽举国动员全力协助灾民居所的重建，然而，灾后心理创伤的修复更是刻不容缓，否则难以达到实质上的身心安顿。

事实上，以目前全球金融风暴，灾难频传，人心特别浮躁激荡之际，每个人都需要找到属于自己的舒压与身心调适的方法，因此，特别欣见由精神科医师所撰写的心灵书籍的出版，存琪这本《放慢·放松·放下》不只图文并茂，读来清新简洁，更搭配了由作者本人柔和温暖的声音所录制的冥想 CD，其可贵之处是在于书中简单易行的方法确能落实，方便读者自行运用而不必假手他人。

因为，大道理人人会说，殊不知急于以语言去劝慰他人，例如："不要想那么多，要勇敢，活着就要感恩，比起罹难者你幸运多了……"这种语言的空泛与杀伤力往往带来反效果，知易行难的劝慰只会为受苦者带来更大的压力。其实，助人者最需要的是准备好自己的那颗心；安静倾听的心，才有可能真正做到同理陪伴支持与协助他人。

本书深入浅出，值得读者细细品味，但，更重要的是要能做到"起而行"。

作者提到人人可玩的艺术活动时，介绍了"曼陀罗"。事实上，这亦是身为艺术治疗师的我，每天都不可少的静心活动。

每天早上我都会在窗边的书桌前坐下来，在淡淡晨曦中，点上精油，放首音乐，以一个"曼陀罗"迎接新的一天，画着这象征生命的起承转合却又无始无终的圆，为自己揭开这一天的序幕。

记得有一次我正徘徊于某个抉择之间，背负着极为沉重的压力，那天早晨，当我坐下来照例先缓缓画圆，画着画着，圆内出现了一个人背着背包走着一条漫漫长路，边走还边回头潇洒地挥着手，我对画画的自己说："是了！就勇敢向前走吧！上帝不会给人承受不起的重担！"

于是，慢慢地我心安静下来，愈画愈笃定，完成后的瞬间还颇为满意这幅画，当下提起笔来，理所当然地要给这幅画一个题目，就叫做"上帝不会给人承受不起的重担"吧！想不到，下笔时突然几个字活生生跳了出来，而我的笔不由自主地写下另外四个字："一路舍去！"

一路舍去？这四个字深深撼动了我！这四个字"一路舍去"到底是从何处冒出来的呢？我无从得知！当它盘旋在我的脑海里时，我却立时有了顿悟："是啊！并非上帝要人死命地背着重担，而是人自己不肯舍去！当人以为是神给的就只有被动地承受时，会看不见：其实是自己不肯舍才让行囊变得如此沉重的！"

这顿悟令人有一种说不出的赞叹！曼陀罗确能帮助人明心见性，从而看见了人的自由意志，做出及时放下的抉择，此时的心情顿时变得无比轻快，实非笔墨所能形容！

借此个人的体悟以印证书中所言不虚，更鼓励大众都来动手尝试创作吧！行动就会带来力量，而生活本身即是一门艺术！

（本文作者为专业艺术治疗师）

〔缘 起〕

找回放松的本能

◎ 郑存琪

因为个人的个性、兴趣、人生经验与缘分，我常遇到的服务对象，是有所谓精神官能症（俗称：脑神经衰弱、自律神经失调）的个案，也就是因一部分体质与一部分个性和压力因素，造成轻型忧郁症、焦虑症、失眠的人们。他们的共同经验之一，就是容易感受到压力、紧张与焦虑，而在这种紧张的状态下，常希望能赶快完成工作，才有放松的感觉；他们对于挫折、额外的工作或生活变化，通常耐受性不高，所以表象上看起来容易烦躁、生气。

有这些困扰而无法调适、影响到生活功能的人很多，很容易在自己或生活周遭的亲友身上，发现有这些现象。事实上，精神官能症的盛行率是：至少百分之二十五，即每四个人就有一个，而且因为生活步调快、压力大、找不到人生意义，它的盛行率还在继续增加中，它是现代社会文明的代价。

当然，生活上不可能没有压力，适度的压力也是成长的动力，而且，“压力”的认定，是相当主观的，它牵涉到很多过去成长经验、个性、认知、情绪处理经验的影响，例如：内在没有自信、把内在恐惧投射到外境、担心被他人指责或评论、习惯依赖或讨好他人、把生活价值放在无法把握的他人身上（如：小孩）、完美主义、总是无法达到自我的要求、理想与现实的落差太大、不清楚优先顺序与取舍之道、缺少弹性与策略、想掌控但无法掌控，或外在实质的外在压力（如：负债、经济问题）等因素，都可能是容易紧张、焦虑的原因之一。

所以，压力调适的过程，其实便是内在的自我探索之旅。从纾解压力，到增加自我觉察，了解与接纳自己的特质，探索自己的人生意义，在不断地了解、接纳自己中，深化并整合自己，善用内在的资源，活出个人的独特性，并与他人和平共处，穿越表象，欣赏、感谢与享受生命的丰足，与生命共舞。在这个旅程中，完整自己的生命。这也许是我们这辈子前来的目的。

在这个压力调适与自我探索的学习过程，我体验了许多方法，后来选择了这一些觉得适用于自己与一般大众的方法，并且反复练习、运用。经验告诉我，方法其实并不需要很多，只要这些方法能有效地纾压、具有自我了解的开展性与深度，对于生命，都具有很多启发性。这就是这本书出版的缘由，希望与大家分享这些方法与经验。

此外，这本书有一些特色：

1. 在压力大时，没有耐心去看许多文字的书籍，反而像是绘本、漫画之类的图画书，比较能在压力大时被使用到，因此本书希望运用图画、音乐与柔软、少少的文字，来建构一个轻松的场域，让我们一方面看书纾压，一方面给予简单的认知概念。

2. 以第一人称的方式叙述，让这些内容像是自己已知、但暂时遗忘的东西，让我们容易进入与接纳这个轻松的场域。

也希望能把复杂的心理学理论化为简单、亲切、好用的方法，让自己方便使用。

3. 利用“太极”的观念，了解压力调适的两大方向：掌握与放下，并且学习融合这两个概念，成为一个完整的生命观。

4. 透过澄清生命的疑惑与意义的探索，来增加自我支持的内在力量。利用重塑与体验苦难的意义，让我们对压力有新的概念，能够善用生命所给予自己的功课与挑战。

5. 利用感官的力量，如：呼吸、觉察身体感受、观看天空、想象舒服的画面、听音乐，让自己将注意力，从担心未来或追悔过去的思绪中，收回到当下，并且达到放松。

6. 利用增进身体觉察、渐进式肌肉放松、自我暗示或催眠，帮助自己放松与自我鼓励，并且学习利用文字所蕴含的正向力量，运用认知来调适压力。

7. 利用冥想的力量来纾压，并且祝福自己、祝福世界。

8. 提供一些自我探索的自助方法。例如：

· 写日记，透过觉察自己的优缺点、或常遇见的困境，来了解自己的特质、对外界常用的认知模式与防卫方式。

· 艺术治疗中的绘画、曼陀罗，来做情绪抒发、深入潜意识自我了解、找到核心意义的媒介。

· 沙画，贴近“生命终将死亡、无法执取”的真相，来减少“执著、不肯放手”所造成的痛苦。

· 静坐，来观看、欣赏内心思绪的起伏变化，慢慢地，会发现想法、情绪并不是自己想象的那么坚实、一定，对于自己与生活的表象，便可能有穿越性的了解与体悟，情绪与冲动的影响会慢慢降低，对自己的掌握会慢慢增加。在掌握的同时，也放下执取。

在这段仍在继续的心灵探索之旅中，要感恩所有曾经启发与引导我的老师，尤其是图敦·梭巴仁波切、罗桑丹巴格西、咏给·明就仁波切、贝诺法王、噶千仁波切、证严上人、蓝先元医师、陈登义医师、吕素贞老师、吴文杰老师以及好友廖建智。此外，感谢吴珍松、黎人玮与林碧华三位伙伴，不仅提供了美妙的图画，也在这一年中不辞奔波之苦，一起参与此书的制作。感谢台中慈济医院公传室的同仁，尤其是谢明锦、赖廷翰、江柏纬、简伶洁，为协助出版此书的无私奉献。

〔自 序〕

回归自然放松、平衡的天性

◎ 郑存琪

和许多人一样，我也是个容易紧张、自我要求高的人，寻找能够放松、调适压力的方法，让自己能在高压的工作下，继续走下去，是我长久以来的课题，毕竟，琴弦紧久了，容易断，也会失去弹性。经过许多年的学习、经验与体会才发现，放松，是每一个人与生俱有的本能。不需要特别做什么，我们自然会放松。

也许，真正困难的，不是无法放松，而是不需要特别做什么。当我们想做一件事时，身心会呈现一定程度的紧张，当“学习放松”成为有目的的事情时，身心同样会紧张，想要在“学习放松”时，自然地放松，最大的诀窍，就是“做而不求”，身心会自然地带我们到它最安适、平衡的状态。在放松、放下的过程中，我们可能会怀疑、会挣扎，如果不呈现熟悉的备战状态，事情怎么可能做好？这是我们的习性，却也是自我了解的契机！

看看自己心中有哪些想法、哪些假设，让我无法放松、放慢、放下。随着慢慢地看见，身心也会慢慢地开阔、柔软。

希望这本轻松的图文书，能够陪伴我们，回到内心本来放松、自在、平衡、滋养的家。

目　录

实 作 篇

part 5

part 6

概念篇

part I

祈愿祝福

静下心来，为自己祝福。

祈愿我的心灵

平安、喜悦、充满活力。

更能慈爱自己、

慈爱他人。

更有智慧，

能够分辨，

何者是需要承担的，

何者是需要放下的。

祈愿我拥有勇气与毅力，

承担需要承担的事。

愿我能够更加开阔、宽广与自由，

放下需要放下的事。

愿我更有自信，
更能宽容。

能够接纳生命旅程中
所发生的一切，
并且将它们转化成
学习、成长的机会。

幸福小语

时常静下心来，以正向的力量，为自己祈愿祝福，
将想要的心愿或特质，向自己说出来，
生命便可能慢慢地朝向自己想走的方向发展。

概念篇

part 2

压力与调适

压力是生命中的常态，
让压力转化为丰富生命、
成长的动力。

真实：变动与调适

生命的特性之一，

就是变动，

然而，在身心变动的过程中，

我受苦、困扰。

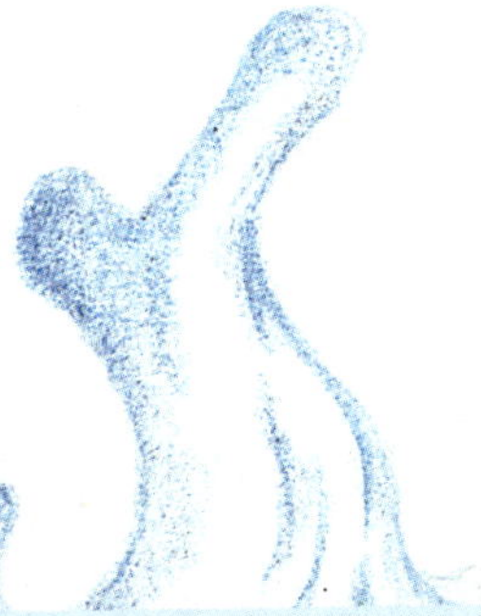

在变动中，

我踩着跷跷板，

尝试着平衡，

生命因此增添色彩，

我也随之成长。

适当的紧张焦虑，

让我发现自己的潜能；

但压力过大、过久，我会受不了，

烦躁、没有耐心，

似乎是跟自己求救的讯号，

也是自我保护的方法，

让压力不再增加。

变动造成了许多压力，

我总是期待，

能够过着单纯、平静、稳定的生活；

但是，单纯的生活久了，又显得单调、无聊，

又让我想去寻求外在的刺激、变化。

即使什么事都不做，

好像也会有另一种深层的焦虑，

脑子里胡思乱想，追悔过去，担心未来，

心里充满着负面情绪，

也无法处理任何事情。

其实，

真实的情境或许

没有像想象中那么可怕。

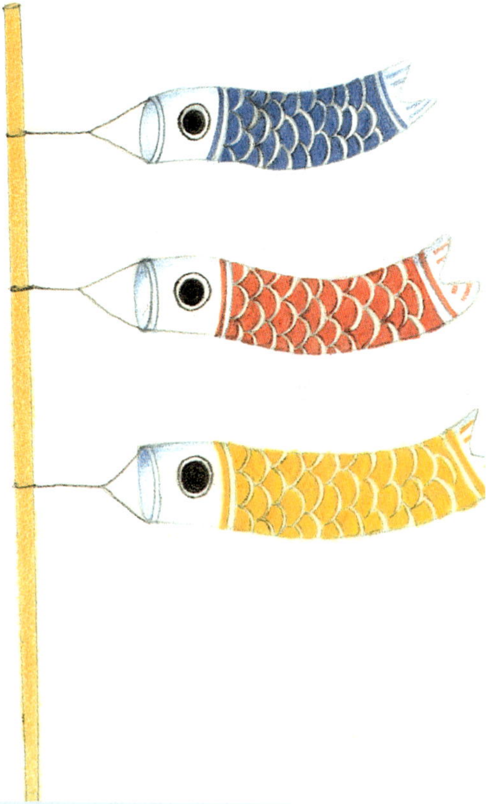

当我专注在当下时，
做着自己可以做的事，
紧张的感觉减少了，
生活好像也因此
变得真实而单纯许多。

由于，精神与体力都有一定的限度，
不同形态的压力，会有不同的处理方式。

像是田径比赛，跑百米与跑马拉松的速度不同，
需要处理紧急的事情时，冲刺般的努力，
无法维持太长的时间与距离，
过程中需要短暂、适度的休息；
如果是长期的压力，需要有长跑的耐力，
生活的步调与节奏要慢一些，
才能跑完全程。

“松”的能力，决定“冲”的距离。

松—紧—松—紧的调节，

正如呼气—吸气一般，

才能让路走得更远。

专注久了，身心都会紧张、疲累，

看看天空吧！

远望天际，让心开阔、宽广，

我发现自己更放松了！

按部就班，筑梦踏实

当我想要一劳永逸、

一步登天时，

理想与现实的落差，

让我紧张、害怕，

不知从何处下手，

也不想开始。

如果排定了远程、中程、近程的可行计划，

只把注意力放在每天可达到的目标上，

每天都给自己一些鼓励与肯定，

我便能按部就班、筑梦踏实，

也能享受过程中，

酸甜苦辣，各种滋味。

珍惜拥有

我觉得自己什么都不会，

总是欠缺许多东西。

看着自己所没有的东西或特质时，

我感到紧张、焦虑、挫败、害怕。

可是，

如果我什么都不会、什么都没有，

却能够活到现在，

难道是奇迹吗？

还是我不了解自己？

也许，我可以看看：

我拥有哪些内在特质与外在资源呢？

我发现，生活中真正“需要”的，
其实并不多，
是“想要”太多，让我困扰。

DREAM

当我把目光放在我所拥有的事物，

让生活单纯一些，

内心便觉得平静许多，

生活的步伐变慢，

眼前的景色也变得丰富，

对于周遭，

也多了一分珍惜与感恩的心。

接　纳

当我抗拒、逃避生命中的一些
情境、无奈与变化时，
害怕、恐惧、焦虑、悔恨，
似乎也常随之而来。

当我试着面对自己，

接纳生命中所发生的一切，

情绪似乎减少许多，

内心也变得平静。

我反而能够放慢、放松、放下。

选择，并学习拒绝

即使接纳生命，
在我的体力与时间有限的情形下，
我依然需要做选择。

选择，包含着两个过程：
一是答应、承诺，二是拒绝、放下。

我发现，自己在人际互动上，

常常答应得太快，却又事后懊悔，

因为，我不敢、也不知道如何拒绝别人！

我总是担心，

如果我拒绝别人，会不会得罪他们，会不会破坏关系？

可是，答应了，我又好累、好苦，

每次看到他们都有压力，更不想和他们联系、相处。

真的好矛盾喔！

如果，我把“人”与“事”分开看，

把个人能力的极限，当作“事”来沟通，

与大家仍然维持着

“人”与“人”之间的关系来互动，

这样我就比较不会担心“拒绝别人”这件事情，

与他们的相处，也就更自在、快乐了！

无　求

把事情的成果，当作是评论自己价值的工具，

让我做起事来，压力好大，

害怕出错、被骂、被看不起。

我想，如果我把每一件事情都做到完美，

也许别人就不会指责我、批评我，

我也能够得到所有人的赞赏与看重。

可是，每个人对事情都有他的意见，

不见得认同我的看法，

我费尽心血、努力地符合别人的要求，

只是让我又累、又紧张。

想要每件事都尽如人意，

这根本是一件办不到的事情啊！

如果，我把“自己的价值”
与“事”分开看：

我是一个完整而独特的人，
在生命历程中学习；

在事情上，我尽力完成，
即使事情做错、失败、挫折，
都有它的意义与价值，
能让我学习到新的事物与处理方法，
让我更深入地了解自己，
更有自信，也更能放下。

"做" 而 "无求",

当我愈能放下,

便愈能自在,

当我自在了,

周遭的事物也跟着圆满了!

疼爱自己

我想和每一个人好好相处，

让他们都能喜欢我，

我忽略自己的需求，配合别人，

希望他们开心，

可是，一味地迎合、讨好别人，

我觉得好累喔！

我也常觉得不公平，

为什么他们没有看到我为他们所做的？

为什么他们不为我着想呢？

当我一个人，我觉得好空虚、寂寞。

我不知道自己到底是谁?

想要什么样的生活?

我也不喜欢自己。

也许，因为如此，

我才会总是讨好别人，

那么重视别人对我的看法，

情绪也容易被别人牵动，

像是云霄飞车般地起伏不定。

像一叶无根的浮萍，

只能没有方向地飘浮。

先从珍爱自己、了解自己开始吧！

当我能够慢慢地自我了解、接纳自己，

就像树木慢慢地扎根、茁壮一般，

我也能够与周遭的风雨一同生活，

并且转化为滋养我、帮助我成长的泉源。

从心出发

不知道为什么，

即使我很努力，生活忙得团团转，

但是，

仍然没有办法让自己的内心

真正感到平安与满足。

虽然，我有着爱我的家人，足够的收入，

生活、情感上都不虞匮乏，

但是，我的内心，
仍然有着一丝幽深的孤独。

我所努力的，
真的是我所想要的吗？

如果，我只剩下

一年、半年、一个月的生命，

我会想过怎样的生活呢？

如果就这么离开人世，

我又有哪些遗憾呢？

我要如何整合与平衡，

内心的渴望与现实的需求呢？

也许，从自己的内心出发，
从了解自己、与自己相处开始，
逐步地建构我这一期的生命
所想要呈现出的意义与样貌，
有一天，当我要离开人世时，
希望能有“不虚此行”的感觉，
以及满满的感恩。

幸福小语

在变动的生活压力中，在周遭的人事冲突里，引导着我，认识内在真实的自己，学习着接纳自己、珍爱自己、与自己相处，发展出独特又和谐的生命力量。

概念篇

part 3

生命旅途

因为无所得，
所以我可以创造。
因为下一瞬间的生命情境，
源自于当下的这一瞬间，
所以我需要选择。

我常怀疑，人活着是为了什么？

当我生下来的这一刻，

我注定要死亡。

如果，努力了一辈子，

到头来也都是一无所得，

那么，人生的意义到底是什么呢？

“死了万般带不走，

努不努力似乎没有差别”，

这个问题，

每个人的答案都不一样，

可能也没有正确的答案。

可是，为什么有些人即便知道如此，

仍然每天认真地努力生活呢？

生命到底有着什么样的奥秘？

想想，也因为生命终将死亡，

我才能够在这一期的生命中

学习自由、负责地

做我自己啊！

这辈子，

我想要经验怎样的人生，

成为什么样的人，

关键不在能力，而在于选择！

因为这是我的人生，

我可以为自己的选择负责！

而我终将因着自己的选择，

成为不同的人。

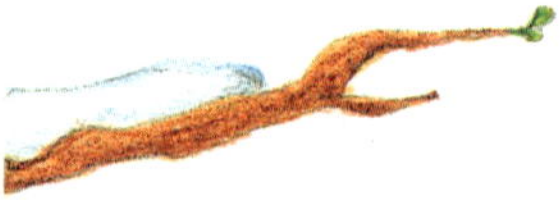

当我了解死亡的必然，明白生命的无常时，

我发觉，

看似是：世间梦幻般的烦恼困住了我，

其实是：我自己紧抓着烦恼不放。

可是，我又抓到了什么呢？

烦恼又在哪里呢？

当我开始执著时，

回头想到死亡，

我试着放下烦恼。

过去与未来如此虚幻，
我无法掌控什么，
只能掌握
当下的这一个心念、
这个选择。

于是我明白，

原来自己就是

自己生命故事的编剧、演员，

也同时是观众。

我能掌握自己的生命剧情，

同时也能随时退回观众席，

欣赏并鼓励在生命中努力的自己！

即使我有自己此生的限制，
但是我仍然可以选择并召唤
自己生命所需的素材。

期许我在临死前，回顾这一生时，
自觉尽心，了无遗憾。

幸 福 小 语

在无常且无法执取的生命里，
珍惜并善用自己的特质与资源，
创造自己这一期生命的意义。

概念篇

part 4

平衡与取舍

在感受不同力量的冲击时，
学习看穿表象，
了解它们不同的价值与意义，
依着自己的需求，
在有限的现实生活中选择。

生命现象有如太极一般，

阴、阳，顺、逆，两种力量相互冲击、流转、调和，

我的心也常常在“自己与别人”、

“独立与合群”、“独特与顺从”、

“自由与责任”、“自主与依赖”、

“冒险与安全”、“开展与守成”、

“理想与现实”、“理智与情感”、

“提起与放下”这些想法中摆荡，

然后，慢慢产生一个符合现实、新的想法。

随着生命经验的增加，

我发现，

没有任何事是绝对的对或错，

好坏常常是一体两面，

不同的人、不同的时间或情境，

可能就有不同的诠释。

可是，它们的发生，

总是带给我一些省思与意义。

完整的生命经验，

包含了“知识”与“体验”，

有时候，

生命必须透过苦难的实际体验，

才能了解祖先、长辈们

智慧话语的深邃内涵，

才能换得：“甘愿”。

像稻子成长一般，

种子发芽后，需要有足够坚强的根、茎，

能够站稳脚跟，抵挡风、雨的考验，

结出丰盛的稻穗，

然后，弯下腰来，感恩、谦卑地，臣服于天地。

生命的历程，也是：

先发展坚强的自我，

而后在苦难中看见自己的有限，

将目光转出自己，看见神圣，

并且学习臣服，接纳自己与生命中的一切，

自己得以完整，

进而与大自然圆融、合一。

刚开始，我总是希望，

能够证明“我是谁”，

努力地证明自己是特殊的；

随着生命经验的开展与回归，

我慢慢放慢脚步，看穿表象后的意义，

慢慢放下许多无谓的对抗，

单纯、自在地，

只是活出自己的本来面貌。

如同太极所显示的“正、反、合”，

事情常常有各种不同、看似矛盾的面向，

却各有其意义与价值，

能够同时看到、同时包容，

生命能够更加完整。

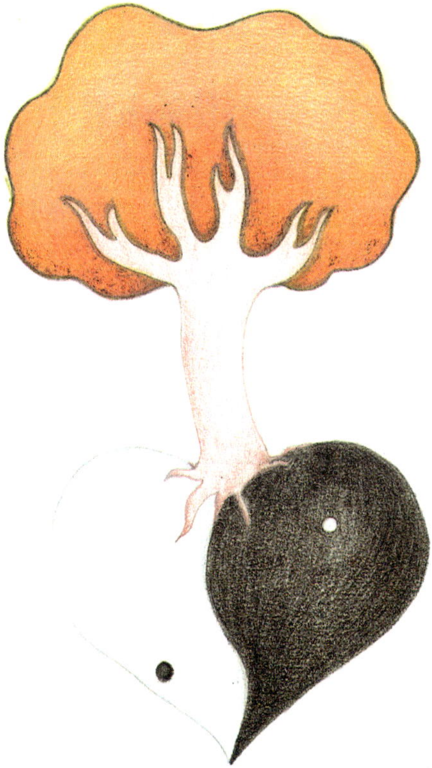

在有限的时间与精力下，
生活需要不断地选择，
选择总会有某些牺牲，
先看到不同面向的种种可能，
再做选择，
事后即使遗憾，
也较容易放下。

掌握与放下，

都是生命中需要学习的课题。

珍惜我能把握的，

放下我所无能为力的。

学习在掌握的当下，

内心也同时放下。

以无所求的心，尽力做，

我便自在、平衡了。

幸福小语

较高的视野，看得较完整；
较长远的生命观，走得较轻快。
做而无求，欢喜自在。

实作篇

part 5

压力调适

壹·回到当下与放松

沉浸在“追忆过去”或“忧心未来”的想法时，
情绪总是容易徘徊不去，
毕竟，过去或未来都没有施力点。
只有活在当下，才能面对与处理事情，
情绪也较易走过。

当我全然、轻轻地注意一件事情时，
注意力是可以从过去或未来，拉回到当下的。
运用呼吸、身体的觉察、观看天空、
想象轻松的意象、听音乐等方法，
可以帮助我，让注意力回到当下。

方法一 · 在呼气中放松

呼气是身体自然放松的方法。

当我在呼气时，给予自己放松的暗示，效果会更好。

在每次呼气的三分之一到二分之一时，轻轻地念着“放松”。

借着“松”字中“嗡”的音，让身体慢慢震动、放松。

压力也随之离开身心。

方法二 · 觉察身体的感受

当我紧张久了，气血上冲，感觉头晕不舒服。

我先慢慢地深呼吸，把感觉收回到自己身上，

再慢慢地把注意力轻轻地从头部，

经由脖子、肩膀、手臂、手掌、胸部、腹部、背部、大腿、小腿，移到脚部。

觉察到身上的感受，只做觉察，不做评判。

无论有没有感受，我都轻轻地扫描过去。

轻轻地注意脚与地面接触的感觉，气血便会随着注意力自然下沉，

再将注意力轻轻地放在全身。

保持这轻柔的觉知，慢慢地，自然放松。

方法三 · 看看天空，让心开阔

当我长时间做一件事情（如：念书或工作）时，

身心呈现集中的状态，我常感到身体紧绷、容易烦躁。

让自己每隔一段时间，适时地休息，让压力不会持续累积。

让自己转移一下注意力，

看看天空，让视野宽广、开阔，也让身心放松一下。

紧、松适度的调节，能让做事效率更为提升，路也能走得更远。

方法四 · 想象轻松的意象，感受放松

当我感到无力或无助时，回忆过去对我有意义、能振奋自己的经验或画面，

真实地感受着自己被鼓舞，我便能得到力量。

当我紧绷时，暂停一下工作，以轻松的姿势休息，

回忆过去轻松的经验，或想象徜徉在自己所喜欢的大自然美景中，

真实地感受着自己身心的舒坦、放松与喜悦，我便能得

到滋养。

方法五 · 在音乐中静心

当我很烦躁、生气时，
运用节奏强烈、嘈杂热闹的音乐，帮助我宣泄情绪；
当我的烦躁减轻一些时，
选择节奏清晰、明快的音乐，帮我稳定一下心情；
当我稍微平静时，
和谐或单一乐器的曲目，让我更平静；
最后，在无声之中休息。

贰·增进身体觉察、渐进式肌肉放松与引导式冥想

首先，自然地深呼吸，把注意力收回来；

然后扫描身体，增加自我觉察；

接着，藉由渐进式肌肉放松，肌肉先收缩、再放松，

来感受肌肉放松时酸麻的感觉；

最后，透过光的冥想，把放松、平和、喜悦的感觉，带到生活中。

方法一·增进身体觉察

我的肩膀又开始紧起来，我觉察到身上的压力，

于是先依着自己的速度，慢慢地深呼吸三次，

把注意力收回到自己身上，便能活在当下。

从头到脚，觉察身体的感受，增加对自己的了解，只是觉察，不做评判。

无论有没有感受，我都轻轻地扫描过去。

这个动作，是邀请身体做我的好朋友，一起分享生命的美好经验。

方法二·渐进式肌肉放松

将眼睛用力地闭起来，用力、用力，然后再慢慢放松、放松，

让它们回复原来的状态，感受眼轮周围肌肉酸麻放松的感觉。

感恩我的眼睛，平常帮我看了这世间美好的事物，

感恩它们，让它们在酸麻的感觉里，放松、放松。

将嘴巴用力地咬合、脸呈微笑状，用力、用力，然后再

慢慢放松、放松，

让它们回复原来的状态，感受嘴巴周围肌肉酸麻放松的感觉。

感恩我的嘴巴，平常帮我吃进许多美好的食物来滋养身体，

感恩它，让它在酸麻的感觉里，放松、放松。

感恩我的脸颊，平常帮我做了很多的表情，让别人可以了解我，

感恩它，让它在酸麻的感觉里，放松、放松。

将头向前下收，感受脖子肌肉拉紧的感觉，用力、用力，

然后再慢慢将头回正，放松、放松，感受脖子肌肉酸麻放松的感觉。

再将头向上仰，感受脖子肌肉被推挤的感觉，用力、用力，

然后再慢慢将头回正，让它们回复原来的状态，放松、放松，

感受脖子肌肉酸麻放松的感觉。

感恩我的脖子，平常帮我连结了头与身体，做了很好沟通的桥梁，

感恩它，让它在酸麻的感觉里，放松、放松。

将肩膀向上耸肩，感受肩膀肌肉被推挤的感觉，用力、用力，

然后再慢慢放松、放下，让它们回复原来的状态，放松、

放松，

感受肩膀肌肉酸麻放松的感觉。

感恩我的肩膀，平常帮我扛了很多事情，

感恩它们，让它在酸麻的感觉里，放松、放松。

将肩膀用力地向后伸展、扩胸，

感受肩胛周围肌肉被推挤，和胸肌被拉开的感觉，用力、用力，

然后再慢慢放松、放松，让它们回复原来的状态，

感受肩胛和胸部周围肌肉酸麻放松的感觉。

感恩我的肩胛和背部，平常支持着我，做我坚强可靠的后盾，

感恩它，让它在酸麻的感觉里，放松、放松。

将手用力向前伸、握拳，

感受肩胛周围肌肉、上臂、前臂、手腕、拳头周围肌肉拉紧的感觉，

用力、用力，然后再慢慢放松、放松，让它们回复原来的状态，

感受肩胛周围、上臂、前臂、手腕、拳头周围肌肉酸麻放松的感觉。

感恩我的手，平常帮我做了很多好事，

感恩它，让它在酸麻的感觉里，放松、放松。

将肚子轻轻地向内收缩，收到底，然后再让它自然地弹出来，

感觉肚子更有弹性了，

当吸气时，就能自然地将气吸到腹部的位置，成为腹式呼吸，

让我更轻松，更省力。

将双脚用力地向前伸，把脚背向内、向上，

感受大腿、小腿肌肉拉紧的感觉，用力、用力，然后再慢慢放松、放松，

让它们回复原来的状态，感受大腿、小腿、脚部肌肉酸麻放松的感觉。

感恩我的脚，平常帮我走了很多好路，

感恩它们，让它们在酸麻的感觉里，放松、放松。

将眼轮周围、脸颊、脖子、肩膀、肩胛、上臂、前臂、手、胸部、腹部、背部、大腿、小腿、脚部肌肉酸麻放松的感觉，连在一起，连成一片，

让放松的感觉遍满全身，让身体徜徉在放松的感觉里，

好放松、好舒服，愈来愈放松，愈来愈舒服。

当我听到任何的声音，觉察到任何的事情，
都只会让我更放松、更舒服；
每一次自然的呼气，都会让我更放松、更舒服。

方法三·光的冥想

想象自己身体所有的病痛，心里所有的紧张、不安、担心、害怕、焦虑、恐惧、烦躁、委屈、犹豫、冲突、自责、

忧郁，

所有身心的困扰，都化成黑烟，

随着每一次呼气，便自然地从鼻孔和身上所有的毛孔，远离身体。

当它离开身体时，便被大自然疗愈的光芒力量自然地化掉了。

随着每次自然地呼气，身心的烦扰便远离身体，

我的身心便愈来愈清净、愈来愈清澈透明，像是一个清净透明的水晶一般。

想象自然地每一次吸气，便把大自然的疗愈光芒，吸入体内，

身心就像是一颗清净透明水晶，内外都充满着光芒。

方法四 · 自我暗示

我的身体愈来愈健康，心里愈来愈平和、喜悦，

身心充满着慈爱，让慈爱的光芒与温暖盈满全身，

让慈爱滋养我，守护我，我更能慈爱自己，也能慈爱他人。

我更有智慧能够分辨，什么是需要答应的，什么是需要拒绝的；

什么是需要承担的，什么是需要放下的。

我能更有勇气、力量与毅力，承担需要承担的事；

我能更开阔、更宽广、更自由地，放下需要放下的事，

我会更有自信，能够相信自己，也能相信别人；

我更能宽容自己，也能宽容别人。

我能够允许自己，依着自己的速度与步伐，

在生命的旅程中，学习、成长，并且欣赏自己在过程中的努力与奋斗。

我也能够允许别人，依着他们自己的速度与步伐，

在生命的旅程中，学习、成长，并且欣赏他们在过程中的努力与奋斗。

愿我能够善用这一期的生命，

能够利益自己，也能利益别人。

我现在身体非常地健康，内心非常地平和与喜悦，

充满着慈爱、智慧、勇气与活力，

更开阔、更宽广、更自在，更有自信，更能包容，

这里就是我心灵真正的家，一个内在充满温暖与滋养的家，

只要我想回到这个本有的家，任何时间、任何状况，我都能回到这个家，

当我轻轻地深呼吸三次，将注意力收回到自己身上，

我便能自然轻松地回到我内心平安的家里。

现在，我的身心像是一颗清净透明的水晶，

内在充满着平和、喜悦、温暖的光芒，让这光芒从自身散发出去，

与周遭一切有缘的人事物分享，并且祝福他们。

我慢慢地张开眼睛，将注意力慢慢地散发到外界，

把放松、平和、喜悦的感觉，自然地带到生活中来。

应用一·帮助睡眠

让身体徜徉在放松的感觉里，

愿我晚上睡得平静、安稳，早上醒来时，身体健康，心情喜悦，充满活力，一切的人事物都平安、顺利。

自然、放松即可。

应用二·面对压力

当我要上台演讲时，我发现肩膀肌肉好紧，心里好紧张，我先深呼吸几次，让注意力回到自己身上。

在每一次呼气，想象自己身体与心里所有的紧张、不安，都化成黑烟，随着每一次呼气，从鼻孔和身上所有的毛孔，排出身体，一到体外，便被大自然疗愈的光芒化掉了，自己愈来愈放松、愈来愈平静。

想象每一次吸气时，把大自然的疗愈光芒，吸入体内，身心愈来愈清澈透明，犹如透明水晶一般，身心充满着光芒，自己愈来愈有自信、愈来愈自在。

让光芒从自身散发出去，让自己这次演讲，能够利益自己，也能利益别人。

现在我以自信、平静、喜悦、安详、宽广、放松的心，上台演讲。

应用三·解开苦难的束缚

我发现，让我无法忘怀的事情，常常是联系着强烈情绪的记忆。尤其是，失恋、意外伤害、亲人过世、考试失利，或是遭受感到恐惧、无助、害怕，感觉被背叛、被攻击、被指责、被遗弃、被委屈等事。

感受一下，它们在身上留下来不舒服的感觉。

只是觉察、感受这些不舒服的感觉，看着它们的变化。

它们真的很不舒服。

原来其他相似遭遇的人也是这样的痛苦与无助，原来大家都是一样的。

希望我们能解脱这样的苦，我要先帮助自己，才能帮助与我相似、受苦的人。

我把情绪与想法分开来处理。我先处理情绪，把困扰我的情绪能量，化成黑烟，随着每一次呼气，远离自己，自己愈来愈轻松、愈来愈清净。

再处理想法，随着每一次吸气，把大自然的疗愈光芒，吸入体内，身心愈来愈清澈透明，犹如透明水晶一般，身心充满着光芒。

愿我能够慈爱自己，也能慈爱别人，
愿我能够更有自信，能够相信自己，也能相信别人，
愿我能够宽容自己，也能宽容别人。
我的身心像天空一般，愈来愈宽广、开阔，
想法如云朵一般，自由来去，也自然消散，
身心充满着清净、喜悦、慈爱的光芒，感觉宽广、自在。
让光芒从自身散发出去，祝福与我相似、受苦的人，
想象他们也被这些光芒所祝福、滋养，身心也充满着清净、喜悦与安详。

慢慢地张开眼睛，将注意力慢慢地散发到外界，
把平静、喜悦、宽广、放松的感觉，带到生活中来。

实作篇

part 6

自我探索与全然接纳

壹·书写

让文字承载我的情绪、想法与记忆，
透过文字的流动，
看见自己的生命。

目的一·增加了解

看见事件与调适

有时候，我会在一件事情上，反复担心、烦扰，让我无法专心，甚至影响生活或睡眠。尤其是与自己或家人有关的事情时，我总是无法放下。也许对我而言，它是重要的，才会反复浮现提醒自己吧。

既然放心不下，那就将它写下来吧。

写下来，有个记录，我不用担心又会忘记，反复想的频率便下降了。

写下来时，一方面，情绪得到抒发，我觉得舒服一些；

一方面，我会仔细想，想想问题可以如何处理，安排计划。

想想：我过去有没有类似的经验，那时候，困难又是如何走过来的呢？

如果自己无法解决，我又该怎么调适、放下呢？

当我写完时，我发现事情好像没有想象中那么复杂，

而且我已经尽力了，那就给自己一个鼓励与祝福吧！

范例：与自己有关

第一步：写下来

再过两周就要期末考了，还有很多书没有看，怎么办?

如果这次再考不好，一定会被爸妈骂死了。

而且还有可能会因部分课程不及格被退学了，如果被退学，我要怎么办?

还可能就要去当兵了，那我跟小芳要怎么办?未来我们还有可能在一起吗?

第二步：评估与处理

灾难化的想法过度延伸，会让紧张、焦虑扩大。

把注意力收回到真正的问题：即将要考试了。

评估因部分课程不及格被退学的可能性，可能性超过50%，所以，要以“不会被退学”为目标。

一共要考七科，其中有两科已经不好救，也不好念，先放在后面，有时间再念。有三科期中考考得还不错，要排一些时间念，要把握住，至少及格。另外还有两科，在及格边缘，多排一些时间念，要拼到及格。

我一天可以念书的时间约有八小时，中间穿插休息时间一个半小时，约有六个半小时。两周分成：前十天准备与后四天简单复习。教材选择看得懂、可以把握的资料，目标七十分即可；可以先看看考试真题来掌握方向。

排出读书计划，要有休息时间与弹性。

只要照着计划念，把其他的后悔或担心放下，安住在当下，念书即可。

鼓励自己，给自己打气加油。

范例：与他人有关

第一步：写下来

再过两周，大儿子就要大学联考了，可是看他都没在念书，

晚上只会看电视和打电动，讲他几句就说我唠叨、烦，

真是让人担心。最后冲刺是最重要的，平常成绩不好，

那也要临时抱佛脚一下啊！看他的生活，好像已经放弃一样，

如果真的考不好，那要怎么办呢？

第二步：评估与处理

担心，是源自于大儿子即将联考却不念书，所以要先跳

出自己的烦恼，看看大儿子目前的情形。

可以尝试着转换角色，想想：

如果我是大儿子时，我现在可能有什么感受与想法，也许是焦虑、否认，或真的不在意。

如果他是焦虑或否认，他会不会自己就已经很紧张了；

如果他不在意，是他已经准备好了，还是他有其他的想法？

同理他的情绪，了解他的想法，以鼓励代替责备，不要与他人比较。

觉察自己的情绪，减少因自己的焦虑而干扰大儿子的状况，寻找出口或方法，纾解自己的压力。

分辨：

担心大儿子考不好，有哪些是源自于自己的需求（例如：担心自己丢脸、被别人认为自己不会教小孩，担心他未来的就学、就业时，我还要再烦恼）？

哪些是大儿子的需求（例如：他很焦虑如果考不好，未来无法学习到他有兴趣的科系）？

如果是大儿子的需求，有哪些其他方法可以达成？

可以和大儿子谈谈，了解他对目前状况的想法，以及他需要我提供哪些协助。避免因为自己的需求，而强迫他顺从。

如果感觉自己无能为力，我要如何帮自己调适压力呢？

就为自己与大儿子祝福吧。

了解现况、适度取舍、安排计划

感觉背负着好多事，让自己喘不过气来，脑袋瓜里也反复盘旋着这些事，无法休息。就将所有担心的事都写下来吧。

如果总和是一百分，依自己的直觉或事件的影响，每一项事件会各占几分呢？

依着分数，将事情的严重度重新排列一下。

再看看，哪些事情是目前可以解决的呢？又可以如何处理呢？现在无法处理的事情，我该如何调适呢？

在时间与精力有限的情况下，我只能先掌握可处理或影响较大的事，其他无法处理或不急的事，就将它们先放下吧。

在做了优先顺序与取舍之后，模糊混乱的感觉，变得清晰也放松多了。

范例

第一步：把心里烦扰的事，写下来

感觉一团混乱，只觉得很烦，很想远离现在的生活，但就是不行。

困扰的事	困扰的程度（严重度）	目前可处理的可能性
❶ 工作负担大	15%	20%
❷ 与同事相处不好	10%	0%
❸ 贷款压力	5%	0%
❹ 与先生互动不佳	5%	0%
❺ 担心小孩功课退步	20%	30%
❻ 担心妈妈病情	10%	10%
❼ 周末要回婆家，与婆婆互动不佳	10%	0%
❽ 失眠，身体疲累、不舒服	25%	40%

第二步：评估与处理

目前可以先处理的事：

❶ 睡不好、身体不适，先去看医师，调理一下身体，并

且多休息。

❷ 与孩子谈一谈，了解造成功课退步的原因是什么？
他如何看待功课退步这件事？
想要怎么解决？
他希望我如何协助他？

❸ 想想，工作时，可以如何调整时间管理：
能够工作一段时间后，做短暂的休息。
如果身心撑不住，跟主管讨论自己的情形，减少工作量，或请假休息一下。

❹ 打电话慰问妈妈的情形，等自己身心状况较好时，再回家看看妈妈。

其他的事，既然现在无法很快地改善，那就先放下吧，目前先不用给予太多的期待与关注，只要做到基本要求，让它们过去就好。等到未来状况较好时，再来看看可以如何处理。

在看清自己的状态，做完“取”、“舍”之后，我感觉比较有掌控感，忙乱的感觉也改善一些了。

当自己生命的观众与编剧

如果，认识自己的第一步，是接纳自己，

也许我可以试着将脑海里的事情，没有分别、没有评价地写下来。

写下来时，我是主角、导演与编剧，我以主观的角度看自己。

写完后，我重看一次刚刚的文字，

某些字眼似乎像重点似地浮现出来，特别触动内心，拿起笔将它们圈起来。

有时候，段落之间的连接，会让我有新的感受。

我再试着看看，被圈起来的文字，或段落之间的连接，有没有让我看到更多的内心世界呢？

当跳出来再重看文字，有什么新的发现呢？

这时候，我也是观众，希望以客观的角度看看自己这部生命电影。

在主角、导演与观众之间，做角色互换，增加视野的高度与宽度，

我知道，我希望看到什么样的故事，我要如何写自己的剧本。

当生命的主动权回到自己手中，我感觉更自在了。

范例

第一步：把心情故事写下来（发泄一下，让情绪好一点）

组长怎么可以事情都叫我做，让小王在旁边快活？

我认真努力，不代表我就要累死啊！

我的工作量已经到达极限，我也快不行了啊，为什么所有的事都要我做？

我也和小王一样领一份薪水而已啊！难道敢皮的人就可以混日子吗？

第二步：跳出来自己的角色，重新看这个故事

❶“什么事都叫我做”、“极限，快不行了”、“敢皮”等字眼浮现出来。看看自己想到什么？

❷什么原因组长事情都叫我做？

① 是因为我做得好，如果让小王做，组长会不放心？

② 还是因为我比较好使唤，不会拒绝，不会抱怨，所以叫我做比较容易？

③ 还是因为这是我比较专长的部分？

④ 还是组长要磨练我、培养我、考验我，让我学到更多，有一天要提拔我？

❸把以上的原因，依自己的感受，以100%来分配可

能性：

① 30%　② 40%　③ 20%　④ 10%

❹ 我觉得主要是因为自己做得好，又不会拒绝组长，才会让自己忙到极限。

那么，为什么我不能适当地拒绝组长呢？

如果拒绝他，我会担心什么？

我有哪些需求？

我的界限在哪里？

在什么状况下，我要拒绝他？

如果要说不，我可以怎样表达，比较适切？

❺ 现在跳出来想想，组长也不是将所有的事都叫我做，有些事情的确是让其他同事负责的。我刚刚似乎是有一点以偏概全，夸大了自己的负担程度，情绪也跟着被放大了。

❻ 透过一连串的自我探索后，我增加了对自己的了解。

❼ 刚开始会比较辛苦，不过经过一段时间的练习后，我发现，似乎都是几个主题在不同情境中重复，对于可以如何处理与用什么态度面对，自己会更有信心与把握，比较不会悬在未知、莫名的焦虑之中，自己也轻松多了。

目的二·接纳自己的特质

我常觉得，不喜欢自己，觉得自己不够好。

这种感觉，让我总是要做好多事来肯定自己，却仍然觉得不够。

我想看看，自己有哪些优点与缺点。

材料：A4 纸一张，笔

做法：

❶ 把 A4 纸横放，从上到下画成四格。

❷ 第一格写 20 个自己的优点，第三格写 20 个缺点，第二与第四格先空白。我尽量写，如果写不满 20 个，先与家人、朋友讨论看看，他们眼中的我，是怎么样的一个人。

❸ 写完优缺点后，再看看：

第一格的优点可能会在什么时候变成缺点，把它们写在第二格。

第三格的缺点可能会在什么时候变成优点，把它们写在第四格。

❹ 我发现，自己不是像原先想的那么一无是处，

优点与缺点也不是那么绝对，似乎都有它们可以发挥与有所限制的一面。

这些不同的特质，能让我在不同的时机，选择适当的方法运用它们。

我好像比较能够接纳自己了，而且随着自我接纳，感觉我的内在能力也更加扩展，感觉更有自信、更喜欢自己了。

范例：

优　点	（空白）	缺　点	（空白）
❶ 天真		❶ 好高骛远	
❷ 体贴		❷ 容易紧张	
		❸ 钻牛角尖	
		❹ 没有耐性	
		❺ 容易生气	

优　点➡	缺　点	缺　点➡	优　点
❶ 天真	易被骗	❶ 好高骛远	有理想
❷ 体贴	忽略自己的需求	❷ 容易紧张	比较敏感
		❸ 钻牛角尖	思考细密
		❹ 没有耐性	可以短时间专注或交替工作
		❺ 容易生气	知道自己不要什么

目的三 · 看见自己的心理运作模式，摆脱重复的困扰

我发现，生活中，重复的问题似乎不断发生。

例如：

在人际关系上，常因相似问题或情境，而与不同关系的人冲突；

或在工作方面，常因相似的困扰而换工作。

让我好累、好烦。

有没有可能，问题不在别人身上，而是出于自己？

如果我能够真诚地把过去到现在的这些不同的冲突情境，一一写下来，也许我能看到一些问题脉络。这些情境有哪些地方相似呢？

我可以利用情绪作为线索或指引，帮助我觉察：

当时是什么影响了我？

我“当时”有哪些不舒服的感觉？是哪些话、哪个人或情境，让我有这种感觉？

这些话、人或情境是如何让我感觉不舒服的？是什么原

因呢？

这些话、人、情境或感觉，会让我联想到“过去”生命中的哪些经验呢？

那是什么时候发生的？什么样的经验？当时的感受如何呢？

我是如何应对这些经验的？这些应对的方法带给我什么好处与缺点？

过去的这些经验是如何影响我呢？

“现在的我”和“过去小时候的我”比较起来，有什么不同呢？

“现在的我”在重新面对与处理这些状况时，会希望如何处理呢？

第一步可以怎么做？可能的困难是什么呢？

无论过去，我是如何处理这些状况，它帮助我走过这段岁月，让我真诚地对过去的自己感恩！

也祝福自己，未来能更加觉察、接纳、欣赏、珍爱自己，活出自己的独特性，也学习欣赏别人，与周遭和谐共处。

目的四·面具：做别人期待的我，或成为自己渴望的我

生活中，明明有些不开心、不愿意，但是为了一些原因

（维持自我形象、做到自己希望的目标，或讨好别人、符合伦理、保有工作、维持人际关系），我必须戴着面具，做着自己渴望的我，或是别人期待的我，心里很累，也很不舒服。

尤其是，如果“面具”与“目前心里真实的感受”差异太大，在当下或角色扮演结束后（如：下班后），我的情绪起伏会变得很大，觉得有好多委屈与不甘心；当我想到要再回到那个状态，压力就觉得好大。

有时候，面具戴久了，也会习惯，忘记摘下来，在不适当的场合表现出不适当的举止（如：女老师回家后，以老师对待学生的方式，与先生相处），甚至误以为面具就是自己。

我常常想：为什么我要戴面具呢？

为什么我就不能自在地表达自己的情绪与看法呢？为什么我不能只做我喜欢做的事就好了，还要去符合别人的期待呢？

我好想逃离这个虚假的世界喔！

如果大家都直接、自在地表达内心的情绪与想法，做自己，不期待别人，那该有多好！

只是，在此之前，当别人把对我的看法，毫不掩饰地直接告诉我时，我是否能够有这个勇气与雅量，去承接它们呢？

看来，问题的关键，似乎是在：我能不能接纳当下这个真实的自己吧！

如果现在，我也没把握做到全然地接纳自己，接纳别人对我毫不掩饰的看法，

那么，别人也不容易做到啊！

想要一个没有面具的生活，还真不容易呢！

原来，面具还是有一些功用。

因为在社会生活里，有着许多不同的角色（如：女儿、太太、妈妈、同事、部属、朋友、邻居、路人、顾客、国民等等），每个角色都有它特别的需求与责任，

戴着面具，在约定俗成的伦理中互动，让大家沟通更顺利，

我也在过程中，适当地达成别人或我对自己的期待，得到肯定，建立自信。

而且，在面具下，我可以适当地掩饰着内心真正的感受，也有着“与他人保持距离、保护自己”的好处。

因此，不同角色可能有着不同的面具。

每一个面具，都只是生活应对中的一部分而已，并不是全部的人生，也不是真正的自己。

每个人也因着自我接纳程度的不同，“真实自己”与“面具”之间的差异也不同。有的人差异不大，有的人差异较大。差异愈大，感觉愈费力、愈辛苦。

有一些情境与某些人际互动（如：与伴侣互动时），我并不觉得自己是在戴面具，感觉内心很真诚、自在，不过在情绪表达与说话时，可能会比较直接，没有遮掩，如果对方也能了解与接纳这个真实的我，我会感觉很放松。

如果我能够分辨“目前心里真实感受的我”与“目前所需面具”之间的差异，而两者之间的差异不会太大，我也能够适当地转换角色，运用合宜的面具来生活，也许我能更轻松、自在。

虽然我某个程度是戴着面具，但是，我还是可以真诚地对待别人。

如果，我能全然地接纳当下这个真实的自己，我便可以不需要那么多面具了。

目的五·阴影：我所无法接纳的自己

很奇怪，我好像对于某些事情、某些话语特别敏感，让我会比较注意它们的发生，或是当下的情绪反应特别激烈，在平静后，连对自己刚刚的反应也感到惊讶。

它们好像会与我所无法接纳、讨厌、排斥的事情或概念有关。

比如说，我一直希望自己做到无私、慷慨，当我听到别人讲我自私、小气时，我很容易火冒三丈，也会对别人是否自私、小气特别注意与反感，有时候，甚至会误解别人。

好像当我无法接纳自己有自私、小气的特质时（阴影），我反而将它们投射到外界（阴影投射），特别关注它们，要阻止别人误会我，要揭露别人有这些状况，来证明自己不是个自私、小气的人。

什么原因我非得要戴着“无私、慷慨”的面具？
为什么我会无法接受自己是个“自私、小气”的人呢？
如果别人说我“自私、小气”时，我会联想到什么？

无论目前我是否能够接纳自己拥有这些特质，但是当我注意到这个现象，予以觉察时，原本莫名其妙的情绪反应，似乎平和多了，注意别人有没有这些特质的情形，也比较减少了。

我可以想想生活中有哪些相似的情形：
自己无法接纳、讨厌、排斥别人对我的某些指称？
什么原因他们会如此说我？
是他们误解了，还是我没有发现自己有这个面向？
为什么我无法接纳这些指称？
这些特质可能会带给我什么改变？

学习了解与接纳自己所拥有的特质吧！

目的六 · 觉察自己的力量所在：回忆过去相似的经验，或力量藏在过去的阴影中

有时候，在遇见逆境或不顺心时，觉得自己好无能、好无助、未来没有希望，感觉好累喔！好想永远休息，放弃这一切。

已经辛苦了这么久，先让自己好好地放松、休息一下吧！

当我允许自己放松、休息时，我反而回忆起过去似乎也有相似的经验耶！

那是什么时候的事？当时的情形是如何？

而我又是怎么处理、怎么走过来的呢？

想想，如果目前的困境改善时，情境会有什么不同呢？

首先改变的征兆是什么？

我又可以做什么不同的改变？

从过去到现在，我已经经历了不少事情，也拥有许多经验与能力，只是我遗忘了而已，我其实拥有着比自己想象更多的智慧与资源，能够处理当前的情境。

有时候，如果遇到的是一个全新的问题，没有办法从过去的经验或创意想法中找到对策，那么，

我目前的困境是如何造成的？

有没有可能与我没有觉察地过度使用我的优点有关呢？

或是与我所无法接纳、排斥的阴影有关吗？

是否因为我抗拒阴影，因此造成我处事上的扭曲或僵化呢？

如果我可以接纳我的阴影，事情的发展有可能如何改变呢？

贰 · 艺术治疗

运用非语言的力量，
探索内在丰富的无意识宝藏。

方法一 · 绘画

纾压式绘画

材料： 八开或四开的图画纸、着色媒材（可任选粉蜡笔、亚克力颜料、水彩或色铅笔）

做法（以粉蜡笔为例）：

❶ 先放下脑中纷飞的情绪或想法，直觉性地选择一种与现在状态相应颜色的粉蜡笔。

❷ 依着内在的感觉任意地在图画纸上画画，不一定要有特殊的图案，也没有非得要画什么不可，只是任意地画，感觉内在的情绪随着纸笔的涂抹，慢慢地发泄出来。

❸ 随着感觉，更换颜色，自由地画。当感觉画得差不多时，停下来，看看自己画了什么。

❹ 可以转动图画纸，瞧瞧是否看到了什么？

❺ 可以再选取画笔，把看到的图案画完整。

❻ 给予这张图一个名字，总结内在的心情。

❼ 我发现，当我任意画时，潜意识的讯息似乎流露了出来；当我看看画了什么时，便将潜意识的素材交由意识来处理；当我命名时，更能以文字来统整与认识更深层的自己。

❽ 将概念与了解放下，让每一次的感受与情绪，都以清新、自在的方式呈现，不受过去概念或成见的干扰。

❾ 当我画完，我觉得有一种放松与满足的感觉。

范例：

- 随着感觉，自由地画。
- 转动画纸看到什么呢？完成它，试着命名。
- 感受一下潜意识告诉你的讯息，然后，放下它，安住在当下即可。

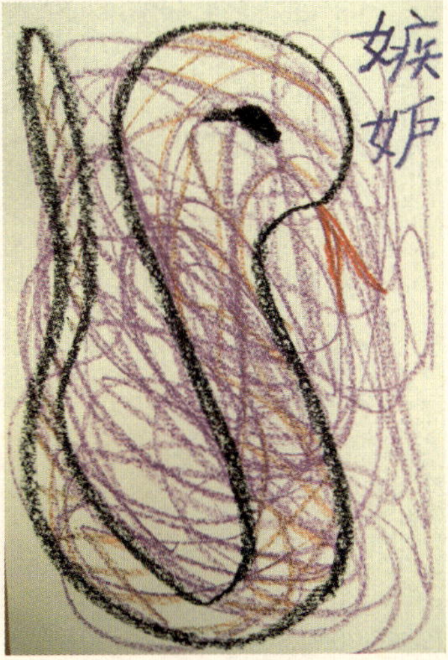
嫉妒

心情绘画

材料： 八开或四开的图画纸、着色媒材（可任选粉蜡笔、亚克力颜料、水彩或色铅笔）

做法：

❶ 把心里对某一件事，最有感觉或印象的部分画出来；同时，也抒发情绪。

❷ 从图画中，看看对自己影响最深的画面是什么？有原因吗？

❸ 可以依据自己的期待，来调整、修正这幅画，画成你想要它变成的样子。

范例：

在悲伤与纠结的情绪里，
追忆着过去与伴侣一同走过的岁月。
当看到自己画出不同的选择，
因着不同的需求，
我释怀了。

范例：爸爸生病了

- 看着躺在加护病房身上插满管子、手脚被绑着的爸爸，感觉好心疼、好难过。祈求老天爷，给予爸爸护佑，给予他生命力，让爸爸早日康复。
- 监视器上一连串令人担心的心电图、血压和心跳数据……

来来往往探视病人的医师和亲友……

希望爸爸能够早日康复!

范例：

- 在亲情的滋养与束缚中，我不想再因为讨好而迷失了。
- 用黏土做了自己，独立地站在生命的核心。

方法二·画曼陀罗

曼陀罗，一个象征心灵的神圣空间，透过在圆中作画，让心中的情感与意象自由流动着，可以了解自己，统整心灵。

涂色静心

材料：已画有曼陀罗图案的画、色铅笔

做法：

❶ 直觉性地选取色铅笔颜色与涂色。

❷ 轻轻地专注于涂色的过程。

❸ 涂完颜色之后，感受一下，完成的曼陀罗给予我的感觉。

❹ 在过程中静心。

我发现，我的阴影其实也是“完整我 ”的一部分，当自己可以接纳它们时，内在的空间与资源也因而扩大了，在整合特质与学习适当运用的过程中，我的内心力量更加丰富，处事也更有弹性了。

范例：

可以看看，不同颜色背景，产生什么不同的感受?

绘画观心

材料： 图画纸、着色媒材（可任选粉蜡笔、亚克力颜料、水彩或色铅笔）

做法（以粉蜡笔为例）：

❶ 先放下脑中纷飞的情绪或想法，直觉性地选择一种与现在状态相应颜色的粉蜡笔。

❷ 静下心来，在图画纸上，画一个圆，可以重复描边，直到觉得足够了。

❸ 在圆圈之中，自由地画画。

❹ 画完后，再看看自己画了什么。

❺ 给予这张画一个名字。感受一下，从内心感受化为文字掌握的感觉。

❻ 将概念与了解放下，让每一次的感受与情绪，都以清新、自在的方式呈现，不受过去概念或成见的干扰。

❼ 感受看看，这种在圆中画画，与一般画画的差别在哪里呢?

❽ 在圆中作画，我觉得有一种被保护、更安全、更稳定的感觉。

❾ 这条圆的线，象征着一个界线、一个保护、一种圆满，像是守护着自己心灵的小宇宙一般，无论外在有什么危险，总是无法侵入；无论内在如何不稳定，圆总是无尽地了解与接纳，并且保护着我。让我能在安

心、放松的情形下，自我探索。

范例：

- 选择一个颜色，静下心来慢慢地画圆，一直画到感觉满足了。
- 在圆里面，任意地画出内在的感觉，看看自己画了什么，给予命名。并且感觉一下，这幅内心的画带给我的启发。

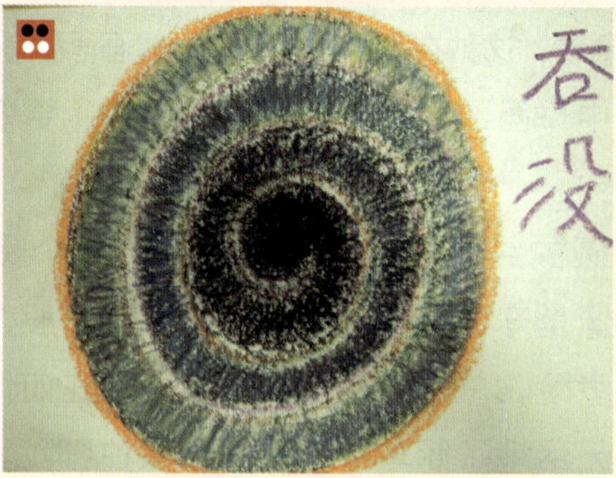

范例：

守护着心中的爱与良善，

也许能够帮助我，

不被外界的黑暗吞没。

范例：

当我能够看穿表象的虚幻，

心便不再执著、恐惧。

让心自由吧！

注❶：

艺术治疗运用于抒发情绪、自我探索方面，是一种很好的方法。由于它可以自由发挥，运用涂抹、覆盖、修改等许多方式，将情绪与期待在媒材上展现出来，这个创作的过程，也会带来满足感、成就感与存在感，也给予自己觉察深层自我的机会。

注❷：

在情绪抒发的过程中，如果感觉释放太多、太快，不易控制，可以停下来，将注意力轻轻地转移到身体的感受。

从头部开始往下，经由身体，依序地扫瞄到脚，扫瞄时，无论身体特定部位的感受如何，都只做觉察，不做评判，一个部位觉察固定时间之后，便移向下一个部位，重复从头到脚“无分别身体扫描”的动作，慢慢地，情绪即能平复下来。

如果曾经发生类似情形，我便觉察到情绪释放的问题，看看这个状况，是否也曾在生活中其他情境困扰着我，我又是怎么处理的呢？如此，对自己又多了一层了解。

注❸：

不同媒材有不同的特性：

❶ 粉蜡笔：情绪发泄时适用；稍可覆盖；亦可全部涂抹后，再以牙签刮画，有不同感受。

❷ 亚克力颜料：情绪发泄时适用；只蘸一点点水，易干，可覆盖，可以不断修改；色彩丰富。

❸ 水彩或广告颜料：情绪抒发、想让情绪有流动感时适用，可自由挥洒。

❹ 色铅笔：色彩温和柔软，使用方便。

静心时适用，可在市面上选购色铅笔着色本，在心情扰动时着色静心。

也可以用于一般描绘“心情日记”的记录。

方法三 · 沙画

材料：盐、软性粉彩条（替代彩砂）、圆盘、刀片

做法：

❶ 先将盐倒在圆盘上，让盐洒平。

❷ 直觉性地选择一种与现在状态相应颜色的粉彩条，以刀片从粉彩条旁，刮下彩粉，在盐上作画。

❸ 做完画后，观察自己画了什么，并且给予命名。

❹ 可以用自己的方式（如：用手指，或摇动圆盘），将画解构，并且观察画的变化。

❺ 感觉一下此时的心情感受，我看到什么？

❻ 拿一个干净的袋子，将盐与粉彩倒入袋中，看看空的圆盘，体验一下现在的感受，我看到什么？

❼ 拿到与大自然连接的地方（如：河流、海、树下）倒掉，让它回归大自然。

❽ 做沙画，用了我许多精力与时间，不仅展现了我内在心灵，且美丽的色彩让自己既放松、又有成就感。

然而，它却是这么脆弱，这么无常，这么容易变动与毁灭，一点也无法执取，就好像我的人生一样。

不过，看着倒掉粉彩后的圆盘，又有一种宁静的感动，仿佛不管此世是好是坏，自己的本质总是清净的。

这真是一种深刻的平安与祝福啊！

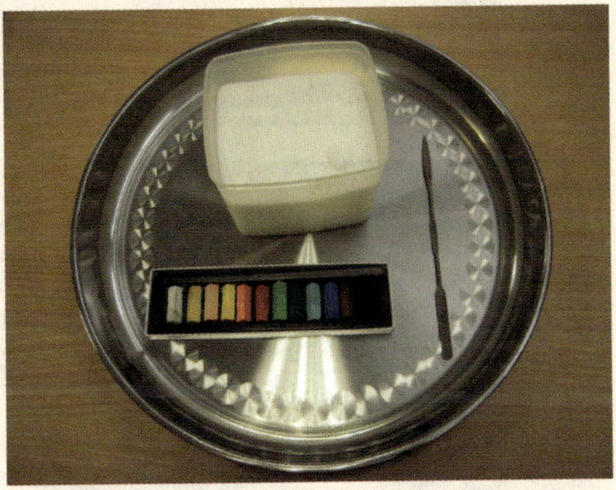

准备盘子、盐、粉彩条、刮板。将盐平铺在盘子里。

以刮板刮粉彩条在盐上作画。

完成画后，看看自己画了什么，然后命名，而后，放下命名与概念。可觉察一下此时的感受，或静心一下。

可用自己的方式（自由或仪式性），将沙画解构。
可觉察一下此时的感受，或静心一下。

■ 将沙画倒入干净的塑料袋或容器中。看着空盘与塑料袋中的刚解构的沙，可觉察一下此时的感受，或静心一下。看着空盘、新的盐、粉彩条与刮板，又有哪些感受呢？

叁·当自己的观众

人生如梦！

我是观察者！观察者是谁?

我看着周围的景象。

我听着周遭的声音。

我感觉着身体的感受。

我体验着心中各种不同的情绪。

我觉察着内心各种不同的想法。

我看得到周围的景象，因为周围的景象不是我，
我只是个观察者。
我听得到周遭的声音，因为周遭的声音不是我，
我只是个观察者。
我感觉得到身体的感受，因为身体的感受不是我，
我只是个观察者。

我体验得到心中各种不同的情绪，因为情绪不是我，
我只是个观察者。
我觉察得到内心各种不同的想法，因为想法不是我，
我只是个观察者。

我像是天空一样，没有批判、没有好恶地，
静静地观看着想法的云朵、情绪的云朵、身体感受的云朵，
看着它们自由来、自由去。

随着观看，我成为生命的主人，
不被想法、情绪或身体的感受所支配。

如果，我只是观察者，
那么，要如何分辨哪些想法与情绪是需要反应的呢？
就是当下吧！只要我全然地活在当下，就明了了！

如果我是观察者，那么，观察者又是谁呢？

静观内心

给自己一个片刻，找一个安静的地方，放松、舒服地坐下来。

慢慢地把注意力收回到自己身上。

将注意力单纯地、轻轻地放在呼气上，或是轻松地观察浮现出来的念头。

只是静静地坐着，轻轻地观察，看看念头、情绪、身体感受的变化。

我发现，我的念头、情绪、身体感受，好像天空中的云朵一般，
变来变去，没有想象中的真实、稳定。

发现这一点，让我觉得轻松多了。

在生活中，当我有一些念头、情绪、身体感受升起时，

我也慢慢地能够不那么冲动，能够停一下，观察它们的变化，

减少被它们操纵的机会。

慢慢地，我也能让表面纷乱的念头、情绪或感受，自由来，自由去，

自己也更加平静、自在了。

内在空间与活在当下

当我常常静静地观察自己内心的念头、情绪与身体的感受，

我发现内在似乎产生了一个更加宽广的空间。

我慢慢地能在念头或情绪生起时，更容易看到他们，不去认同他们，

反而能够成为念头或情绪的主人。

当我能与念头、情绪有些距离时，我发现，

情绪犹如火般，虽然炙热，总有时限，会随着时间而减弱、消逝；

某些想法犹如木材、油料，会让情绪之火持续燃烧，甚至死灰复燃。

所以，想法才是问题，才是驱使让我受苦的原因。

如果情绪只是一种能量，只会延续一段时间，并且可以被想法影响，

那么我就不需要害怕情绪。也许我还可以学习善用情绪。

当我的情绪起伏时，常常是让我高兴、生气、害怕、犹豫等时候，

也可能会让我的身体感觉不舒服（肩膀紧绷、胸闷、心悸、呼吸短促、头晕、头痛、肠胃不适、手抖、冒汗等），

这些状况让我注意到外在情境与内心想法，

情绪仿佛是我的觉性铃铛，提醒我，看见自己、回到自己身上。

如同情绪变动不定一般，
我的想法也是随着时间与外境的流转而不断地变化，
同一件事情前前后后总有好多不同的想法，
到底哪个想法才是我的想法呢？

当我把注意力想着过去或未来时，后悔或期待，影响着我的想法，
却什么事也做不了。

当我全然地活在当下的状态，自然地思考运作，
随着现况而处理，一切似乎变得简单而容易多了。

当我愈能活在当下，我的情绪也变得稳定多了，
我反而更能自在地体验生活中不同的感受。

看见一切都在变化

我发现，自己总有个追求“永恒”、“不变”、“主宰”的习性，希望一劳永逸，希望拥有“永远幸福、快乐、健康”的日子，
然而，现实生活的真相，却不是如此！

我的想法、情绪总是常常在改变，原先以为对的想法，在一些状况出现后，也许又变成错的！

我的身体也一样在变动着，即使我很努力地养生、运动，却仍然持续老化，无法避免生病。

我所追求、期待的目标，在现实生活中，是否根本是个不可能的任务？

现实生活里，包括自己的身体、想法与情绪，似乎一切都在变化，都无法完全掌握，也无法执著。

也许，变化、无常，真的是世间的真相。

好奇妙，无常虽然觉得辛苦，却总是有改变的机会，而我也能在自己这部分努力，反而让我感到轻松、有能力些。

无法执著，反而让我更容易放下。

练习放下：行走

我发现，在与自己有关的事情、或担心家人时，我会抓得很紧，无法放下。

然而，这种烦扰的情形，似乎对问题并没有什么帮助，反而只是让自己身心疲累、受苦，影响与亲友、同事间的人际互动而已。

也许，时间可以帮助问题的处理。

我也可以看看：
这件事对我正、反面的影响，对我有什么意义。

我希望，自己可以慢慢放下它。

证严上人常说："前脚走，后脚放"。我可以利用这句话的启示，在行走时，感受一下：

如果我无法放下，所产生无法移动、寸步难行的感觉。
如果能一步一步前进、自在行走时，那种放下的感觉。

让走路成为提醒我承担与放下的练习吧。

放下与提起

当我慢慢地能静观内心的变化，我发现，内心的情绪比较不会干扰我。

当我看到接纳无常，想到“死亡终会来临，外在的一切终会消散”时，

我比较能够不执著，并且珍惜当下。

随着观心与放下的练习，我渐渐地能够分辨自己对于某些事物的看法，是我内心的投射，并不是事物的原貌。

渐渐地，我注意地收回自己的投射，事物的样貌似乎更清晰了，而我的心却也更稳定。

我慢慢地能够与生活的各种状态（包括过去认为的苦难）共存。

过去的苦难，让我得以了解别人痛苦的感受，更容易与他们内心产生共鸣，帮助我与人联结。

如果在相续的生命里，我好不容易才得到这珍贵的人身，我想要如何运用这一期生命的身体，来利益自己并且利益别人呢？

证严上人著作·静思法脉丛书

《静思语》系列：

静思语第一、二、三合集（典藏版）	定价：58 元（绸面精装）
静思语第一集	定价：20 元
静思语第二集	定价：22 元
静思语第三集	定价：20 元
静思小语（全八册）	定价：35 元（两册，绸面精装）

人生系列：

孝的真谛——幸福人生第一堂课	定价：38 元
孝为人本——世界和平的守护力量 *	定价：38 元
回归清净本性 *	定价：48 元
人生经济学	定价：20 元
心宽念纯	定价：23 元
清平致福	定价：23 元
撒下好命的种子	定价：23 元
与地球共生息	定价：25 元
色难	定价：23 元
生活的智慧	定价：22 元
证严上人说故事	定价：23 元
生死皆自在	定价：25 元
清净在源头	定价：25 元
欢喜自在	定价：20 元
买智慧——证严上人说故事 1（漫画版）	定价：20 元

佛典系列：

法譬如水——慈悲三昧水忏讲记（全五册）	定价：170 元
净因三要	定价：20 元
三十七道品讲义（上、下册）	定价：23—25 元 / 册
三十七道品偈颂释义	定价：20 元
心灵十境——菩萨十地	定价：18 元
八大人觉经	定价：20 元
救世救心八大人觉经	定价：20 元
人有二十难	定价：20 元
调伏人生二十难	定价：20 元
佛遗教经	定价：25 元
无量义经	定价：25 元
无量义经偈颂	定价：48 元
佛门大孝地藏经 （附赠《用一生报父母恩》光盘）	定价：48 元
东方琉璃药师佛大愿（上、下卷）	定价：49.80 元
凡人可成佛	定价：20 元
证严上人思想体系探究丛书（第一辑）	定价：75 元
真实之路	定价：45 元
静思语真善美花道	定价：48 元

人文相关著作·慈济宗门丛书：

证严上人琉璃同心圆	定价：38 元（法式精装）
考验——证严上人面对挑战的智慧	定价：25 元
静思语的智慧人生	定价：18 元
静思语的富足人生	定价：18 元
读静思语学英文（上、下册）	定价：22 元 / 册

（有 * 的作品为即将出版）

图书在版编目(CIP)数据

放慢·放松·放下/郑存琪著. —上海:复旦大学出版社,2014.4(2023.12 重印)
ISBN 978-7-309-10009-9

Ⅰ.放… Ⅱ.郑… Ⅲ.压抑(心理学)-通俗读物 Ⅳ.B842.6-49

中国版本图书馆 CIP 数据核字(2013)第 197448 号

慈济全球信息网:http://www.tzuchi.org.tw/
静思书轩网址:http://www.jingsi.com.tw/
苏州静思书轩:http://www.jingsi.js.cn/

放慢·放松·放下
郑存琪　著
责任编辑/邵　丹

复旦大学出版社有限公司出版发行
上海市国权路 579 号　邮编:200433
网址:fupnet@fudanpress.com　http://www.fudanpress.com
门市零售:86-21-65102580　团体订购:86-21-65104505
出版部电话:86-21-65642845
上海华业装潢印刷厂有限公司

开本 890 毫米×1240 毫米　1/32　印张 6　字数 104 千字
2023 年 12 月第 1 版第 4 次印刷
印数 9 801—11 400

ISBN 978-7-309-10009-9/B·485
定价:45.00 元
